Diabetes y complicaciones

Daniel Rastrollo Collantes

José Luis Sanchez Vega

Aida Medina Garrido

© Daniel Rastrollo Collantes, José Luis Sánchez Vega, Aída Medina Garrido.

Editorial: www.lulu.com

ISBN: 978-1-291-09143-4

Fecha de Publicación: 25-09-2012

Este libro va dirigido en especial a todas las personas que padecen esta enfermedad y a sus cuidadores, ya sean personales o profesionales.

El propósito de este libro es hacer llegar a la mayor cantidad de gente posible los conocimientos necesarios sobre a una de las enfermedades crónicas mas comunes y extendidas de la población, y hacerlo de la forma mas comprensible posible.

Introducción

Definición

- Métodos diagnósticos
- Síntomas
- Factores

Tipos de diabetes

Complicaciones agudas

- Hipoglucemia
- Hiperglucemia
- Cetosis
- Cetoacidosis
- Coma hiperosmolar

Complicaciones crónicas

- Macroangiopatías
- Microangiopatías
    1. Nefropatía
    2. Retinopatía
    3. Neuropatía

INTRODUCCIÓN

El ser humano al alimentarse obtiene todos los elementos necesarios para la vida. Entre ellos, agua, minerales, vitaminas, proteínas, lípidos, y carbohidratos. De ellos, los lípidos y los carbohidratos son la principal fuente de energía.

Dentro de los tipos de carbohidratos encontramos a la glucosa, la cual es la principal fuente de energía de las células de nuestro cuerpo.

La glucosa circula libremente por nuestro cuerpo a través de las venas y arterias formando parte de la sangre, mientras otra parte es guardada en el hígado en forma de glucógeno, para cuando la necesitemos. De esta forma todas las células disponen de una forma de obtener energía cuando la necesitan.

Las células a su vez necesitan de la ayuda de una hormona llamada insulina que es producida por el páncreas, para poder utilizar la glucosa. Y su falta o malfuncionamiento provoca que la glucosa aumente en la sangre.

El riñón intenta bajar la cantidad de glucosa en sangre expulsándola con la orina, aumentando así la perdida de liquidos.

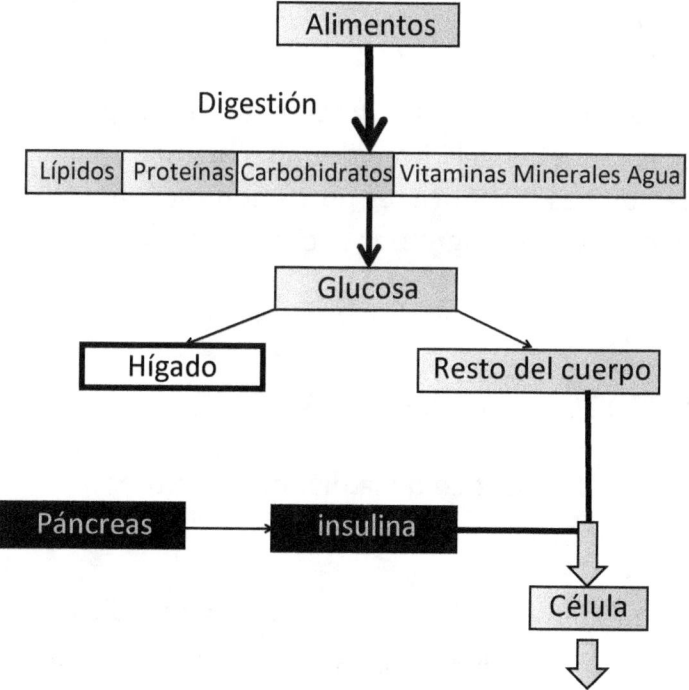

DEFINICIÓN

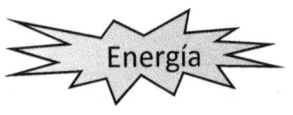

Llegados a este punto y según la Organización Mundial de la Salud:

La diabetes es un proceso crónico que engloba un grupo de enfermedades metabólicas caracterizadas por la hiperglucemia resultante de defectos en la secreción y/o acción de la insulina.

Podemos decir que la característica principal de la diabetes, a la hora de saber si una persona es diabética, es un aumento de la glucosa en la sangre por encima de cierta cantidad.

METODOS DIAGNOSTICOS

Para el diagnostico de la diabetes se utilizan varios métodos.

- Glucemia basal. Se realiza una medición de la glucemia en sangre tras 8 horas de ayuno. Sería positivo en caso de superar los 126 mg por decilitro.

- Glucemia al azar. Se realiza una medición de la glucemia en cualquier momento del día. Un valor por encima de 200 mg por decilitro acompañado de síntomas propios de la diabetes indicaría que es positivo.

- Sobrecarga oral de glucosa. Se administran 75 gramos de glucosa en 250ml de agua, tras un ayuno de al menos 10 horas y se realiza una medición de la glucemia a las 2 horas. Una cantidad mayor a 200 mg por Decilitro sería positivo.

SÍNTOMAS

Los síntomas clásicos asociados a la diabetes son:

- Polifagia. La persona tiene sensación de hambre, esto se debe a la falta de energía en las células al no entrar la glucosa.

- Poliuria. El riñón intenta mantener los niveles de glucosa en sangre, y se produce mayor cantidad de orina.

- Polidipsia. A consecuencia de la poliuria la persona tiene mayor sensación de sed.

- Cansancio y pérdida de peso sin motivo aparente.

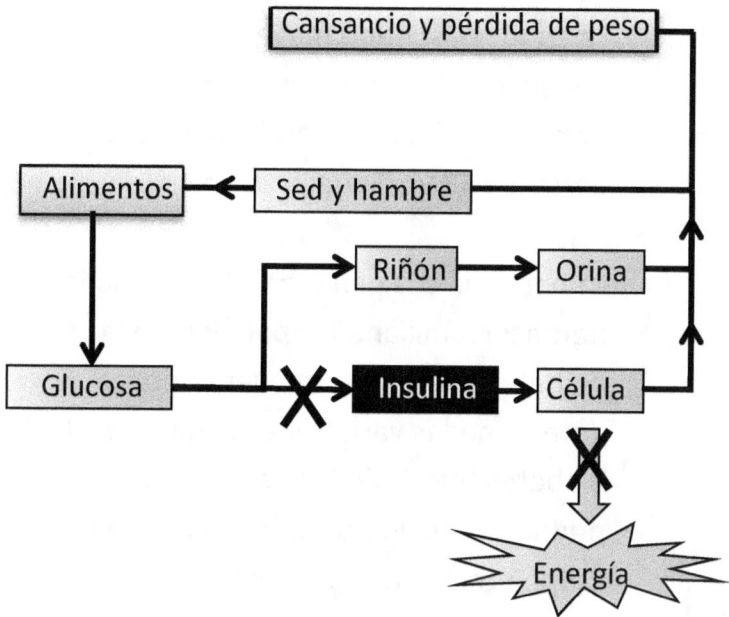

Ciclo anormal de la alimentación en la diabetes debido a la falta o mal uso de la insulina por parte de cuerpo.

FACTORES

Factores más comunes asociados a la aparición de la diabetes.

- La edad, existiendo mayor riesgo de padecer la diabetes tipo 1 en personas jóvenes, y diabetes tipo 2 en edades entre los 40 y 60 años.

- La herencia y la genética. Asociando la herencia familiar a la aparición de la diabetes tipo 2 mas frecuentemente, y determinadas variaciones genéticas a la diabetes tipo 1. En este apartado podríamos incluir también el origen o grupo étnico de la persona.

- La nutrición y en concreto el sobrepeso va muy asociado a la aparición de la diabetes tipo 2. Aquí incluiríamos también la actividad y ejercicio físico para el control del peso.

- Factores socioeconómicos y culturales, apareciendo una mayor incidencia de la diabetes tipo 1 en clases media alta, y de la tipo 2 en clases con menor nivel económico.

- Factores estacionarios asociados a ciertos virus.

- Otros factores asociados al embarazo y a la lactancia.

TIPOS DE DIABETES

- DIABETES MELLITUS TIPO 1.

    También llamada insulino dependiente o diabetes juvenil. Este tipo de diabetes suele aparecer antes de los 30 años, con un inicio brusco.

Tiene su origen más probablemente en factores genéticos, autoinmunes y ambientales.

En este tipo de diabetes se ven afectadas las células pancreáticas que producen insulina, por lo cual los niveles de insulina son muy bajos, haciéndose necesaria la administración de insulina inyectada para el control de la glucemia.

El peso de la persona suele ser normal o por debajo de lo normal.

- DIABETES MELLITUS TIPO 2.

No insulino dependiente. Suele aparecer mas tarde, incluso a partir de los 40 años, aunque puede darse a cualquier edad. Representa del 90% al 95% de los casos de diabetes.

Suele cursar con obesidad y tiene un componente hereditario mucho más fuerte. En este tipo de diabetes, aunque el páncreas produce insulina, parece estar más orientado hacia una baja producción de la misma o a una mala acción de la misma en los tejidos.

Este tipo de diabetes requiere de un control mas estricto de la dieta y la actividad física, y en algunos casos el uso de antidiabéticos orales o incluso insulina en casos extremos.

- DIABETES GESTACIONAL.

Aparece en personas no diagnosticadas previamente. Se diagnostica como un problema en los mecanismos de regulación de la glucosa durante el embarazo.

Puede verse mayor afectación en casos de obesidad, superados los 30 años, o con antecedentes familiares.

- OTROS TIPOS.

Aquí incluiríamos los defectos genéticos que afectan a las células productoras de insulina, defectos genéticos que afectan a la acción de la insulina, diabetes producida por efecto de algún fármaco, lesiones pancreáticas; y la diabetes asociada a la malnutrición.

COMPLICACIONES

En general la diabetes, y sobre todo en casos en los que no sea controlada adecuadamente, puede dar origen a una gran cantidad de complicaciones.

COMPLICACIONES AGUDAS

- HIPOGLUCEMIA

Representa el principal problema en las complicaciones diabéticas.

La característica principal es una bajada de la glucemia por debajo de 60 miligramos por decilitro.

Su origen puede provenir de multitud de factores como, la realización de ejercicio intenso sin el aporte necesario de alimentos o reajuste de la medicación; la desregulación de las comidas u omisión de alguna, aportando menos alimentos de los necesarios; error o mal uso en los antidiabéticos, orales o insulina; abuso de alcohol, interacciones con otros fármacos. Etc.

Las hipoglucemias se dividen en:

I. Leves. Caracterizada por presentar temblores, sudor frio, palpitaciones, hambre, y sudoración. Puede ser solucionado por persona sola.

II. Moderadas. Presenta mareos, sueño, visión borrosa, falta de concentración y alteraciones en el habla. Puede resolver la situación por si misma o pedir ayuda.

III. Graves. Presentan desorientación, perdida de conciencia, convulsiones. Necesita la ayuda de otras personas.

Estas situaciones han de ser resultas antes de llegar al coma diabético.

Existen casos en los que la persona no puede darse cuenta de estos síntomas

por lo cual llega al coma sin darse cuenta.
La mejor manera de evitar la hipoglucemia es la información sobre como prevenirla.

Puntos a tener en cuenta:

I. Tener siempre presente los síntomas de alerta ya mencionados de la hipoglucemia.

II. Conocer las causas, y llevar un control estricto.

III. Llevar siempre algún tipo de alimento azucarado.

IV. Conocer las medidas para afrontar una hipoglucemia.

V. Llevar control y registro de las hipoglucemias.

VI. Informar a las personas cercanas al enfermo sobre como actuar en caso de necesitar ayuda.

La forma de actuar antes un paciente con hipoglucemia dependerá de su estado.

En caso de estar consciente, se le administraran alimentos azucarados, y también hidratos de carbono de absorción lenta.

En caso de encontrarse inconsciente se le administrara glucagón de forma intramuscular o subcutánea, y en caso de encontrarse en un medio hospitalario glucosa directamente de forma intravenosa. Y posteriormente hidratos de carbono.

- CETOSIS.

La cetosis se da cuando las células al no disponer de glucosa para generar energía, utilizan las grasas como combustible. Pero como consecuencia de ello se originan los cuerpos cetónicos.

Generalmente aparece en momentos en los que existe un déficit de insulina con respecto a la necesidad de utilización de hidratos de carbono por parte de las células.

La falta de alguna dosis de insulina, el ejercicio físico, el estrés, las infecciones, o el consumo elevado de hidratos de carbono sin el aumento de la dosis pueden ocasionar la aparición de cuerpos cetónicos.

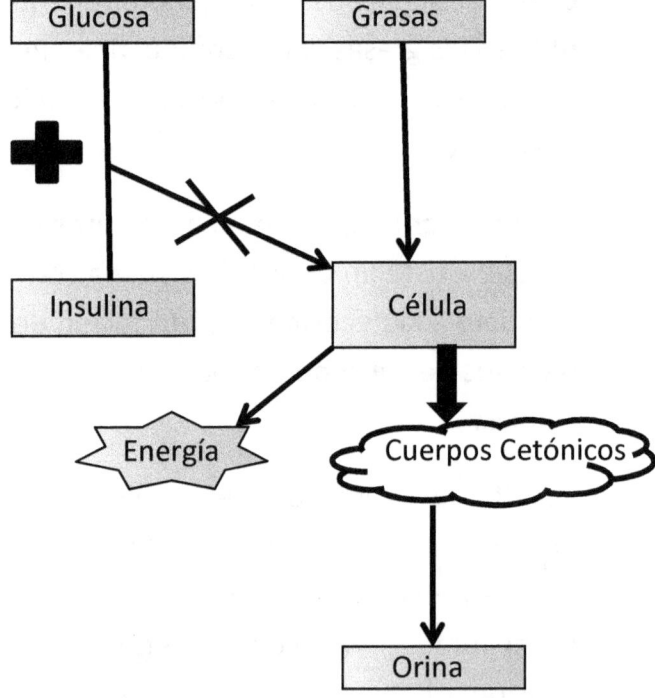

Ciclo de obtención de energía por parte de la célula mediante la utilización de las grasas, generando cuerpos cetónicos que son desechados en la orina.

- **CETOACIDOSIS DIABÉTICA.**

Es la acumulación descontrolada de cuerpos cetónicos en sangre.

Intentando combatir el elevado consumo de lípidos el hígado produce glucosa, la cual ante la falta de insulina aumenta la hiperglucemia.

Síntomas de la cetoacidosis:

1. Aumento de la micción
2. Fatiga y nauseas
3. Vómitos
4. Rigidez muscular
5. Dolor de cabeza
6. Respiración acelerada, y olor del aliento
7. Alteraciones del nivel de conciencia

La cetoacidosis se manifiesta con poliuria, deshidratación que no es compensada por la polidipsia debido a los vómitos, perdida de electrolitos e incluso acidosis metabólica.

Es fácilmente diagnosticada mediante la medición de glucosa en sangre y presencia de cuerpos cetónicos en la orina.

La cetoacidosis ha de ser tratada mediante la reposición de la cantidad de líquidos en sangre o volemia, la administración posterior de insulina, y el control de los factores desencadenantes mediante la mejora de las medidas preventivas.

- COMA HIPEROSMOLAR

Aparece en casos de diabetes mellitus tipo 2, debido a una disminución de la acción de la insulina, generalmente acompañado de una disminución en la eficacia de los riñones para eliminar la glucosa en orina.

Esto provoca cifras muy elevadas de glucosa en sangre. En este caso no hay presencia de cetosis, ya que la insulina presente es suficiente para controlar el consumo de lípidos.

Los síntomas más comunes son:

1. Debilidad
2. Sed y nauseas
3. Sueño y confusión
4. Convulsiones y coma

COMPLICACIONES CRÓNICAS

La evolución de la diabetes en un periodo de entre 8 a 10 años, presentando cuadros de hiperglucemia no controlados, causan a la larga una serie de complicaciones, principalmente mediante la afectación de los vasos del sistema circulatorio.

Las principales afecciones crónicas asociadas a la diabetes podríamos dividirlas en dos grupos principales, como son las macroangiopatías y las microangiopatías.

- Macroangiopatías.

Consiste principalmente en la afectación de los grandes vasos del sistema circulatorio, principalmente a nivel encefálico, coronario, o en las extremidades inferiores.

El daño se produce mediante la formación de placas de ateroma, siendo la diabetes un factor de riego añadido para su aparición.

Puede desembocar en una serie de complicaciones como son ACV, infarto o ulceración de miembros inferiores debido a la isquemia.

- Microangiopatías.

Afecta principalmente a los vasos de pequeño calibre. Siendo las mas destacadas la nefropatía diabética, la retinopatía diabética y la neuropatía diabética.

I.   Nefropatía diabética.

La hiperglucemia mantenida en el tiempo es considerada como la causa principal de la nefropatía diabética.

Consiste en la lesión progresiva de los glomérulos y túbulos del riñón, los cuales son los encargados de la filtración de la sangre de los elementos perjudiciales para el organismo.

La nefropatía cursa con varias fases. Comienza a los 3 a 10 años tras la aparición de la diabetes y cursa con aumentos leves de la tensión arterial, acompañado de microalbuminuria.

Posteriormente entre los 15 a 25 años aparece una macroproteinuria acompañada de hipertensión, pudiendo aparecer también la retinopatía y las afecciones cardiovasculares.

El grado máximo de lesión supone la insuficiencia renal del riñón que conlleva la diálisis renal.

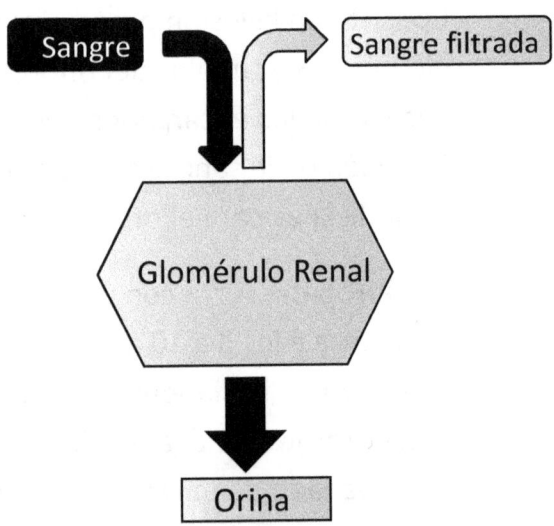

Esquema de filtración del glomérulo renal.

II. Retinopatía diabética.

Aparece generalmente no antes de 8 años tras la aparición de la diabetes. Consiste en la afectación de los pequeños vasos de la retina.

En un primer estadío cursa con un incremento en la permeabilidad capilar de la retina, produciendo una extravasación de los mismos; junto a un incremento en el flujo capilar.

En el segundo estadío el aumento de la permeabilidad conlleva la aparición de exudados, edema retiniano y microhemorragias.

Por ultimo se pueden ver afectadas las arteriolas precapilares, produciendo lesiones incluso a nivel del vítreo. En sus últimas fases puede causar la ceguera; es por ello que representa una de las principales causas de ceguera en los países industrializados, y la principal en los diabéticos.

III. Neuropatía diabética.

Incluye a un conjunto de afectaciones sobre el sistema nervioso de carácter focal o difusa.

La acción de la hiperglucemia continuada conduce a lesiones microangiopáticas. Estas lesiones producen entre otras; la edematización de los tejidos y la alteración en los mecanismos de trasmisión nerviosa.

Bibliografía

- Arias Perez, Jaime. *Enfermería Médico-quirúrgica I.* Tebar, 2000.

- Bosch, M., Figuerola, D Y Ferrer, R. *Diabetes.* Barcelona: Ed. Masson, 2003.

- Perez Mateo, A Adrián y Sanchez Santos, Carlos. *Atención integral y tratamiento de la diabetes mellitus.* S.I.T.-Cadiz.

- Cruz Arándiga, Rafaela., Batres Sicilia, Juan Pedro., Granados Alba, Alejandro., Castilla Romero, Mª Luisa. *Guía de atención enfermera a personas con diabetes.* Servicio Andaluz de Salud y Asociación Andaluza de Enfermería. 2003

- Esteve, J. Mitjan, J. *Enfermería. Técnicas Clínicas.* 1999. McGraw-Hill. Interamericana.

www.ingramcontent.com/pod-product-compliance
Lightning Source LLC
Chambersburg PA
CBHW072309170526
45158CB00003BA/1255